Siva Vijayakumar Tharumasivam
Archana Sundaram
Sudharsan Parthasarathy

UM MANUAL DE ZEBRAFISH EM GERAL

Siva Vijayakumar Tharumasivam
Archana Sundaram
Sudharsan Parthasarathy

UM MANUAL DE ZEBRAFISH EM GERAL

Um manual de protocolo

ScienciaScripts

Imprint
Any brand names and product names mentioned in this book are subject to trademark, brand or patent protection and are trademarks or registered trademarks of their respective holders. The use of brand names, product names, common names, trade names, product descriptions etc. even without a particular marking in this work is in no way to be construed to mean that such names may be regarded as unrestricted in respect of trademark and brand protection legislation and could thus be used by anyone.

Cover image: www.ingimage.com

This book is a translation from the original published under ISBN 978-620-6-77508-9.

Publisher:
Sciencia Scripts
is a trademark of
Dodo Books Indian Ocean Ltd. and OmniScriptum S.R.L publishing group

120 High Road, East Finchley, London, N2 9ED, United Kingdom
Str. Armeneasca 28/1, office 1, Chisinau MD-2012, Republic of Moldova, Europe
Printed at: see last page
ISBN: 978-620-8-25666-1

UM MANUAL DE ZEBRAFISH EM GERAL

Autores

Dr. Siva Vijayakumar Tharumasivam

Sra. Archana Sundaram

Sr. Sudharsan Parthasarathy

S.N.	Nome dos autores	Fotografia	Filiação
1	Siva Vijayakumar Tharumasivam		Departamento de Biotecnologia, Universidade Dhanalakshmi Srinivasan, Samayapuram, Trichy, Tamil Nadu, Índia.
2	Archana Sundaram		Departamento de Biotecnologia, Faculdade de Artes e Ciências de Srimad Andavan, Trichy, Tamil Nadu, Índia.
3	Sudharsan Parthasarathy		Departamento de Silvicultura, Universidade de Nagaland (uma universidade central), Lumami, Nagaland, Índia.

PREFÁCIO

Na investigação contemporânea, o peixe-zebra (Danio rerio) surgiu como um organismo modelo fundamental devido às suas semelhanças genéticas com os seres humanos, à facilidade de manipulação genética e à elevada taxa de reprodução. Estes atributos tornam-no ideal para estudos em toxicologia e gerontologia. Este guia tem como objetivo fornecer uma visão abrangente sobre o manuseamento, manutenção e procedimentos experimentais que envolvem o peixe-zebra, garantindo resultados precisos e reprodutíveis em investigações científicas. Ao aderir a estas diretrizes, os investigadores podem utilizar eficazmente o peixe-zebra para compreender os impactos de várias substâncias na saúde e no envelhecimento, contribuindo para os avanços na investigação biomédica.

AVANÇAR

Tenho o prazer de vos enviar um exemplar da nossa última publicação, "Zebrafish Handling Guidance and Basic Parameters". Este livro constitui um recurso abrangente para investigadores e estudantes envolvidos nos domínios da toxicologia e da gerontologia, fornecendo protocolos pormenorizados e informações essenciais sobre a manutenção e a utilização experimental do peixe-zebra (Danio rerio). Como é do vosso conhecimento, o peixe-zebra tornou-se um organismo modelo inestimável na investigação biomédica, graças às suas semelhanças genéticas com os seres humanos, à transparência durante as fases iniciais de desenvolvimento e à facilidade de manipulação genética. O nosso livro tem como objetivo dotar os investigadores dos conhecimentos e das competências práticas necessárias para utilizar o peixe-zebra de forma eficaz nos seus estudos, garantindo a precisão e a reprodutibilidade dos resultados experimentais. Este guia foi meticulosamente compilado para atender às diversas necessidades da comunidade científica, abrangendo tópicos como:

Biologia e genética do peixe-zebra, Protocolos padrão para criação e manutenção, Procedimentos e técnicas experimentais, Considerações éticas e melhores práticas, Resolução de problemas comuns

Acreditamos que esta publicação será uma adição valiosa à sua biblioteca e uma ferramenta útil nos seus esforços de investigação. Obrigado pelo vosso interesse e apoio. Aguardamos com expetativa os seus comentários e esperamos que "Zebrafish Handling Guidance and Basic Parameters" contribua significativamente para a sua investigação.

Saudações calorosas,

Dr. Siva Vijayakumar Tharumasivam

Sra. Archana Sundaram

Sr. Sudharsan Parthasarathy

RESUMO

Este documento de orientação fornece instruções completas sobre o manuseamento e os parâmetros básicos necessários para o tratamento e utilização optimizados do peixe-zebra (Danio rerio) na investigação. O peixe-zebra é cada vez mais utilizado em estudos toxicológicos e gerontológicos devido à sua semelhança genética com os seres humanos, elevada fecundidade e facilidade de manutenção. As orientações abrangem aspectos críticos, incluindo o habitat, o ciclo de vida e os parâmetros de saúde, com destaque para a manutenção do peixe-zebra num ambiente propício que minimize o stress e maximize a sua utilidade na investigação. Além disso, detalha as metodologias de recolha de sangue, ensaio de micronúcleos, histopatologia, peroxidação lipídica, viabilidade celular e avaliação do stress oxidativo.

CONTEÚDO

1. PEIXE-ZEBRA - ORIENTAÇÕES DE MANUSEAMENTO E PARÂMETROS BÁSICOS

INTRODUÇÃO

A sociedade moderna é atormentada por uma vasta gama de doenças e problemas que afectam todos, desde as crianças até aos idosos. Compreender todo o processo de utilização de substâncias e os seus efeitos no envelhecimento proporciona uma compreensão mais completa do que constitui um modo de vida saudável. Nesse caso, a toxicologia serve de base a regulamentos que limitam as exposições de risco e preservam a vida. Por exemplo, as doenças pulmonares e a morte têm sido associadas à inalação de poeiras produzidas durante a extração de carvão. A deteção de riscos potenciais para a saúde resultantes da exposição a substâncias químicas ou orgânicas benéficas, bem como a avaliação e o aconselhamento subsequente para atenuar ou diminuir quaisquer impactos adversos na saúde.

A gerontologia é um vasto campo de estudo que não só se centra na saúde mental e física dos idosos, mas também considera as ramificações sociais. O domínio científico da toxicologia ajuda a identificar os efeitos nocivos que as substâncias, os produtos químicos ou os acontecimentos podem ter sobre as pessoas, os animais e o ambiente. Inclui a observação e a comunicação dos sintomas que surgem após a exposição a substâncias nocivas. Os métodos pelos quais estas substâncias causam toxicidade serão examinados pelos toxicologistas, bem como a forma de detetar a presença destas substâncias numa variedade de tipos de padrões. O peixe-zebra é utilizado extensivamente como ferramenta para observar venenos em amostras de água e para investigar as causas; está na vanguarda da investigação toxicológica. O peixe-zebra é um modelo animal único para a investigação biomédica, incluindo estudos sobre processos orgânicos e doenças humanas, devido ao seu genoma extensamente sequenciado, à simplicidade da modificação genética, à elevada fertilidade, à fertilização externa, ao desenvolvimento rápido e ao embrião extremamente evidente.

O melhor organismo manequim para o estudo do envelhecimento é o peixe-zebra. A gerontologia é o estudo dos processos de envelhecimento e das pessoas ao longo da vida. Envolve o conhecimento das mudanças sociais, psicológicas e físicas que ocorrem à medida que as pessoas envelhecem. O envelhecimento é a mudança progressiva ou revolucionária num organismo que aumenta o risco de senilidade, doença e morte. Estas caraterísticas relacionadas com o envelhecimento são designadas por senescência. Setenta por cento dos genes nos seres humanos e no peixe-zebra são os mesmos, e oitenta e quatro por cento dos genes ligados a doenças humanas também existem no peixe-zebra. Os principais tecidos e órgãos também são frequentes. O genoma completo do peixe-zebra foi também sequenciado em grande pormenor. O peixe-zebra partilha os mesmos órgãos e tecidos primários que os humanos porque é um vertebrado.

Existem semelhanças significativas entre os seus músculos, sangue, rins e olhos e os sistemas humanos. O peixe-zebra tem uma capacidade única de regenerar o músculo cardíaco coronário. Por exemplo, se uma porção do seu coração for removida, pode voltar a crescer num determinado número de semanas. A investigação do peixe-zebra (Danio rerio) tornou-se cada vez mais importante desde a década de 1960. Possui numerosas caraterísticas que o tornam um manequim de valor inestimável para o estudo da genética e das doenças humanas.

O peixe-zebra é um modelo animal único para a investigação biomédica, como o estudo de processos orgânicos e doenças humanas, devido ao seu genoma totalmente sequenciado, à simplicidade da manipulação genética, à fecundidade excessiva, à fertilização externa, ao desenvolvimento rápido e ao embrião extremamente evidente.

Talvez uma das espécies-modelo mais frequentemente utilizadas na investigação genética e do desenvolvimento seja o peixe-zebra.

CARÁCTER AMIGÁVEL

Sabemos que a renovação do peixe-zebra é muito prática e pouco dispendiosa, mas o peixe-zebra está mais treinado para captar as vibrações e é naturalmente muito sensível. Tem as caraterísticas de um pensamento vasto e agradável. Tem muita energia e gosta de nadar e brincar. Possui a fortaleza mental e a maturidade intelectual necessárias para responder às acções imediatas. Liga-se frequentemente às pessoas que cuidam dele regularmente. A manutenção do peixe-zebra a nível intelectual já não é tão útil como é para nós a nível físico, e recebe ansiedade dos novos seres humanos. O peixe-zebra sofre ocasionalmente de stress interno provocado por uma variedade de factores, incluindo alimentação, drogas ou falta de área para nadar. Estes hábitos mentais podem levar a desequilíbrios hormonais que têm efeitos a longo prazo nas caraterísticas toxicológicas ou de transporte de drogas. Os peixes-zebra estão normalmente muito satisfeitos no seu habitat natural, pelo que cuidar deles regularmente pode ser agradável.

PEIXE-ZEBRA - SINGULARIDADE

O peixe-zebra é conhecido pela sua capacidade única de regeneração e pelo seu rápido desenvolvimento embrionário. O peixe-zebra, também conhecido pelo nome científico Danio rerio, é um peixe da família dos Cyprinidae. O peixe é facilmente reconhecido pela presença de cinco riscas horizontais, uniformemente espaçadas, num dos lados do seu corpo, que imitam as riscas da zebra. As riscas caraterísticas do peixe-zebra são de cor azul e estendem-se desde a cobertura branquial até à ponta da barbatana caudal. O projeto de sequenciação do genoma do peixe-zebra teve início em

2001 e continua ainda hoje. A estrutura genética é surpreendentemente comparável, apesar de o genoma do peixe-zebra ter apenas metade do tamanho do genoma humano.

PEIXE-ZEBRA - O MELHOR MODELO DE ORGANISMO DE INVESTIGAÇÃO

Os investigadores podem encontrar e testar novos medicamentos para tratar as doenças que estão a ser modeladas, para além de utilizarem modelos de doenças do peixe-zebra para representar doenças humanas. O peixe-zebra é principalmente útil para o rastreio de medicamentos de elevado rendimento, porque tem a capacidade de produzir vários embriões de cada vez que se reproduz. A base de dados de informação genética e genómica sobre o organismo modelo peixe-zebra (Danio rerio) é designada por Zebrafish Information Network (ZFIN). A ZFIN fornece uma enorme seleção de dados de pesquisa sobre o peixe-zebra que foram cuidadosamente escolhidos, organizados e cruzados.

Numerosas doenças humanas, incluindo a distrofia muscular de Duchenne, o melanoma humano, a leucemia linfoblástica aguda, a doença renal policística, a nefronoftise, a lesão renal aguda, a doença de Parkinson, a doença de Huntington, a doença de Alzheimer, o enfarte do miocárdio, etc., foram modeladas com êxito no peixe-zebra. Para além dos seus genomas comuns, os seres humanos e o peixe-zebra partilham muitos órgãos e estruturas de órgãos conservados, o que levou ao desenvolvimento de mais do que vertebrados terrestres. O peixe-zebra é classificado como omnívoro com base nos seus padrões de alimentação, e come uma variedade de alimentos (eurófago). Além disso, a quantidade e a composição dos ingredientes da dieta das larvas e dos adultos diferem significativamente.

HABITAT E CICLO DE VIDA DO PEIXE-ZEBRA

O peixe-zebra encontra-se tipicamente em pequenos lagos, riachos, canais e muitos outros locais (águas estagnadas ou de fluxo lento entre 18 e 24 graus Celsius). Consomem uma variedade de espécies, incluindo insectos, vermes e zooplâncton, bem como muitas plantas que estão presentes no seu ambiente, uma vez que são organismos omnívoros. O peixe-zebra já não é uma fonte de alimento valiosa, mas está a tornar-se cada vez mais importante no estudo porque serve de modelo para a identificação das bases genéticas e neurológicas do comportamento. Como tal, servem de organismos modelo e são particularmente importantes em biologia do desenvolvimento, biomedicina e neurofisiologia. Os peixes-zebra têm uma cabeça comprimida dorsalmente e uma boca que quase não apresenta qualquer variação ascendente. Os peixes-zebra não têm esmalte oral (nas suas mandíbulas), mas têm esmalte ligado ao seu quinto arco braquial, que tem uma camada de dentina, um revestimento de esmalte e um núcleo pulpar.

O peixe-zebra também tem dois pares adicionais de apêndices sensoriais epidérmicos em forma de barbela. Estes incluem as longas barbelas maxilares em ambos os lados da boca, que servem como papilas gustativas e também são usadas para procurar comida, e as barbelas rostrais (nasais), que se estendem até ao limite anterior da órbita.

Os peixes-zebra têm tipicamente uma cor branca prateada, mas em ambos os lados do corpo, da barbatana dorsal à barbatana caudal, têm cerca de cinco riscas azuis horizontais. Para além disso, a região superior (dorsal) e a região do estômago podem também aparecer com uma tonalidade amarela desbotada, fazendo com que alguns peixes-zebra pareçam mais dourados. O tempo de vida médio de um peixe-zebra é de três anos e meio (3,5 anos). Embora alguns permaneçam até 5,5 anos. Foi demonstrado que o peixe-zebra apresenta uma diminuição da capacidade de exercício com a idade, análoga à dos mamíferos.

IDENTIFICAÇÃO DE PEIXES MACHOS E FÊMEAS

Os peixes-zebra machos são mais esguios, com um aspeto dourado no ventre, enquanto as fêmeas tendem a ser maiores, com um ventre mais redondo (de cor esbranquiçada). Os machos também têm um aspeto dourado na barbatana ventral e na pélvis. As fêmeas adultas têm uma pequena papila genital que se situa em frente da barbatana anal.

PRODUÇÃO DE OVOS

Uma fêmea de peixe-zebra pode pôr até muitos milhares de ovos numa única postura. Os ovos, com cerca de 0,7 mm de diâmetro, são largados num substrato onde são activados e iniciam as fases de desenvolvimento actuais. Foi demonstrado que os ovos do peixe-zebra são activados pela água mesmo em situações em que já não são fertilizados por espermatozóides masculinos, apesar de não serem adesivos e tenderem a ser libertados em substratos não preparados. Os ovos não fertilizados já não se desenvolvem para além das fases iniciais de clivagem.

Assim que os ovos são fertilizados, formam-se os zigotos. Isto pode acontecer nas 72 horas seguintes à postura dos ovos (e à sua fertilização), ou pode acontecer imediatamente. Durante a fase de clivagem, a divisão dos ovos ajuda na fertilização. Além disso, pode demorar de 40 minutos a duas horas.

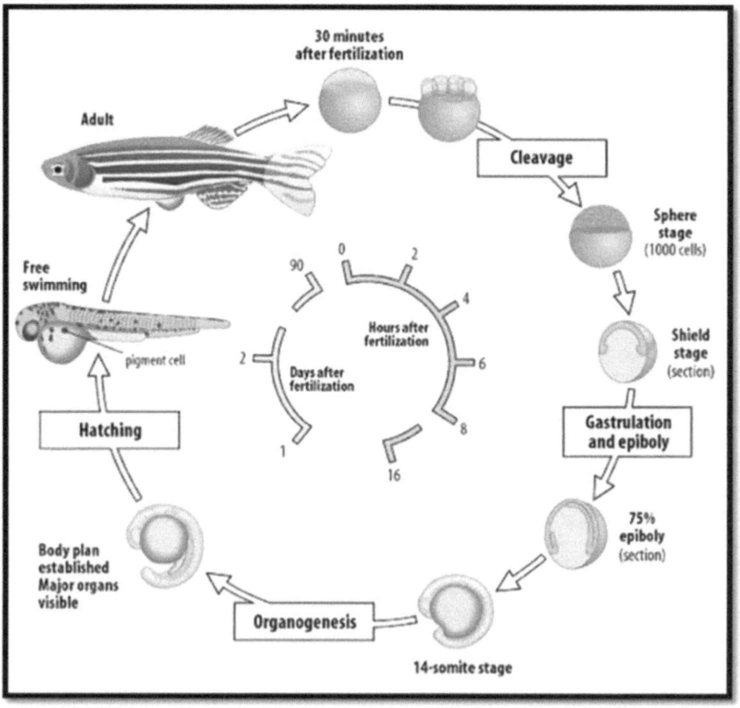

Créditos - InVivo Biosystem - Uma imagem a cores da Internet

À medida que o embrião passa para a fase seguinte, a divisão telefónica durante esta fase pode também resultar na formação de dezasseis a sessenta e quatro células. A blástula é produzida na zona de clivagem onde se efectua a divisão telefónica. Este embrião tem uma forma semelhante a uma bola de buraco e é constituído por numerosas camadas de células que rodeiam uma cavidade denominada blastocoel.

O esquema corporal do organismo é produzido como resultado da fase de desenvolvimento da gastrulação, que é conhecida por produzir três camadas germinativas. A gastrulação ocorre entre cinco e dez horas após a conceção, enquanto a blastulação ocorre entre duas e cinco horas após a fecundação. Duas fases distintas, a segmentação e a fase da faringe, imediatamente antes da eclosão, são utilizadas para observar este facto. Nestas duas fases, os componentes estruturais do organismo crescem de forma semelhante, com a cabeça e a cauda a tornarem-se mais visíveis e perceptíveis. Os embriões estão, assim, prontos para eclodir.

Após a fecundação, decorrem entre 48 e 72 horas antes da eclosão. No entanto, foi demonstrado que este período depende normalmente da espessura do músculo e do córion (onde vive o embrião). O tempo de eclosão de alguns embriões pode ser afetado por estas variáveis. As larvas eclodem e crescem até atingirem um comprimento de cerca de 3 mm. As larvas fixam-se a superfícies desafiantes a partir das quais desenvolvem a utilização de vitaminas da gema utilizando células secretoras que se encontram na parte inferior das suas cabeças.

A larva passa pela morfogénese, que se caracteriza pelo desenvolvimento de várias estruturas anatómicas, ao longo de cerca de três dias. Cerca de 7 dias após a fecundação, o organismo é capaz de nadar, mover as mandíbulas e até consumir uma variedade de fontes de alimento. Os dânios atingem normalmente um comprimento de 1 polegada no decurso de 6 semanas. O organismo é capaz de engolir com sucesso organismos microscópicos, como pequenos vermes e camarões, quando está na secção juvenil (entre duas e 10 semanas de idade). Quando os peixes juvenis estão na fase final da sua secção juvenil, o que ocorre por volta das 10 semanas de idade, podem ser salvos com peixes adultos. Quando atingem a idade adulta, estão preparados para se reproduzirem e o ciclo de vida continua. Os peixes-zebra podem ser machos ou fêmeas, embora todos eles se desenvolvam primeiro em ovários antes de se diferenciarem em gónadas masculinas algumas semanas após a eclosão.

O peixe-zebra macho utiliza uma variedade de estratégias durante o cortejo para seduzir a fêmea e encaminhá-la para a área de desova. Estas estratégias podem incluir nadar à volta da rapariga com as barbatanas elevadas, cutucá-la com o focinho, ou nadar para trás e para a frente entre a rapariga e o local de desova. O macho espalha as barbatanas dorsal e caudal à volta da fêmea na partida, que a rapariga segue até ao local de desova, alinhando os seus poros genitais. Para fecundar os ovos, o macho liberta espermatozóides, enquanto a fêmea faz o mesmo.

MANUTENÇÃO DO PEIXE-ZEBRA

Os peixes-zebra necessitam de um ambiente tranquilo num sistema de aquário que funcione de forma precisa para os manter de boa saúde. Mudar frequentemente os filtros do dispositivo é uma parte crucial deste processo para assegurar que todos os aquários têm acesso a água simples e de qualidade adequada. Os Zebra Danios requerem muito pouca manutenção e são baratos. Têm um aspeto fantástico devido às suas riscas de zebra vivas. Os Danios são peixes minúsculos, tal como os guppies. Para manter uma qualidade de água adequada, o ideal é que o sistema mude cerca de 10% da sua água todos os dias. Em alternativa, a água pode ser mudada enquanto se substitui o filtro de carvão ou o filtro de vasilha. Desta forma, a sujidade que se acumula nas tubagens que ligam estes filtros é eliminada. A qualidade da água deve ser avaliada regularmente. A alcalinidade, o pH, a temperatura, a dureza, o amoníaco, o oxigénio dissolvido, a salinidade e a condutividade são algumas das variáveis que devem ser tidas em conta na descrição do elevado calibre da água da máquina. Uma vez que são nativos de ambientes tropicais, os peixes-zebra requerem água extremamente quente, mas podem adaptar-se a uma gama de temperaturas entre 70°F e 90°F (5, 6), com uma temperatura benéfica óptima estabelecida de 83°F. Na superfície da água, são aconselhados níveis suaves entre 5 e 30 fc, ou 54 a 324 lx.

Normalmente, a iluminação fluorescente é instalada nos tectos. Para reduzir os reflexos de sobressalto dos peixes aquando da ativação ou desativação, o ideal é que as luzes sejam ligadas e desligadas por fases. A temperatura deve estar entre 70° e 78° F, o pH deve estar entre 7,0 e 7,4 e a alcalinidade deve estar entre 3° e 8° dkH (50 ppm a 140 ppm). Utilize um aquecedor de aquário Aqueon para manter a temperatura adequada se o aquário for mantido num espaço que esteja abaixo dos 70°. Os Danios podem tolerar temperaturas entre os 65 e os 75 graus Fahrenheit sem se sentirem desconfortáveis. Sem um aquecedor, é possível manter esta temperatura de forma consistente, mas um aquecedor ajudará. A melhor temperatura para promover a reprodução é um pouco mais alta, a 78 graus Fahrenheit. O peixe-zebra adulto precisa de ser alimentado duas vezes por dia com uma variedade de alimentos. Evitar a sobrealimentação e ter em conta que as refeições de permanência estimulam a reprodução (como vermes tubifex e larvas de artémia). Alimente os peixes em quantidade suficiente para que todos possam comer, mas não tanto que não consigam terminar a refeição em cinco minutos. Uma bomba de ar é o que os zebra danios querem. Devido ao seu elevado nível de atividade, os danios zebra beneficiam da capacidade de uma bomba de ar para aumentar a quantidade de oxigénio e movimento na água. Os zebra danios devem ter uma bomba de ar nos seus aquários devido a estas vantagens. Apesar do facto de o peixe-zebra atingir a maturidade sexual em 10-12 semanas, a maioria dos embriões são produzidos por peixes reprodutores entre os 7 e os 18 meses de idade. Os machos e as fêmeas adultos devem ser mantidos em aquários diferentes, com um máximo de oito mulheres e dezasseis homens por cada aquário de 10 galões. Na maior parte das vezes, os peixes permanecem imóveis enquanto dormem, a sua respiração abranda e alguns podem mesmo ser apanhados com a palma da mão. Os Zebra Danios dormem muito, tal como nós, segundo os investigadores da Universidade de Stanford. Com base na intensidade ou na espessura da cor observada, saber-se-á qual a tensão muscular que está de acordo com um envelhecimento saudável. Se a cor for mais brilhante, pode estar a envelhecer, pelo que uma observação ligeira ou nenhuma observação representa a juventude do músculo e da pele.

2. PARÂMETROS TOXICOLÓGICOS E GERONTOLÓGICOS DE BASE

RECOLHA DE SANGUE

Como o peixe-zebra é muito pequeno, a recolha de sangue é muito difícil. Por isso, uma solução alternativa dá melhores resultados. Remover a porção da cauda e colocar o peixe que não tem a porção da cauda virada para baixo no interior do Eppendorf que contém EDTA ou Heparina para evitar que as células sanguíneas coagulem. O conjunto fixo deve ser centrifugado a 5000 -10000 rpm durante 10 -15 minutos. A solução será utilizada para todos os parâmetros sanguíneos do peixe-zebra.

ENSAIO DE MICRONÚCLEOS

As gotas de sangue são espalhadas na lâmina e deixadas a secar durante 24 horas. Em seguida, deixar a lâmina ser fixada no frasco de acoplamento com metanol durante 10 minutos. Adicionar 2 ou 3 gotas de solução de coloração de giemsa e observar ao microscópio após uma ligeira lavagem final com água. Provavelmente a lente de imersão em óleo de 1000X fornece uma imagem nítida. Os micronúcleos danificados ou alterados serão notados com um ponto central abaulado.

ANÁLISE HISTOPATOLÓGICA

Os peixes foram administrados com panchagavya na respectiva concentração de controlo, 1 ml, 1,5 ml, 2 ml e 2,5 ml durante 60 dias. Após a conclusão do tratamento, os tecidos dos peixes, como as guelras, o fígado, o músculo e o intestino, foram dissecados e armazenados para exame histológico.

TESTE DA PEROXIDASE LIPÍDICA

Um grama de amostra será homogeneizado com 10ml de kcl gelado. 1ml de homogeneizador de tecidos será combinado com 2ml de TBA e misturado na proporção de 1:1. A solução será mantida num banho de água quente durante 20-25 minutos a 60-95^0 c e será observada uma cor rosa se a peroxidase lipídica for positiva (observar claramente o ADN). A amostra é arrefecida à temperatura ambiente e centrifugada a 1000 rpm durante 10 minutos. A amostra será finalmente observada no espetrofotómetro a 530 nm.

TESTE DE VIABILIDADE CELULAR

Pode ser calculado pela fórmula,

Células viáveis = Células vivas / Número total de células x 100

Células mortas = Células mortas / Número total de células x 100.

Procedimento

Um grama de amostra será homogeneizado com 10 ml de tampão DPBS (Dulbbeco's Phosphate buffer saline) e o misturador será filtrado em tecido de musclin. Centrifugar a amostra a 10.000rpm durante 2 minutos. O sobrenadante é eliminado e o pellet é suspenso manualmente em 1 ml de DPBS. A solução da amostra é novamente centrifugada a 5000rpm durante 1 minuto. Misturam-se 500 microlitros com 500 microlitros de TB (azul de trifano). A amostra será observada ao microscópio e a viabilidade celular será calculada utilizando a fórmula acima mencionada.

ASSÉDIO SA-ß-GAL

Aspirar o meio das células senescentes que expressam SA-ß-Gal. Lavar as células duas vezes com 3 mL de PBS 1X e aspirar a lavagem final. Adicionar 2 ml de solução de fixação 1X. Incubar à temperatura ambiente durante 5 minutos. Remover a solução de fixação e lavar as células fixadas três vezes com 3 mL de PBS 1X. Aspirar a lavagem final e cobrir completamente as células adicionando 2 mL de Cell Staining Working Solution recentemente preparada. Incubar as células a 37ºC, protegidas da luz, durante 4 horas a uma noite. Remover a Solução de Trabalho de Coloração de

Células e, em seguida, lavar as células coradas duas vezes com 3 mL de PBS 1X e armazenar as células em PBS 1X. Para armazenamento a longo prazo, cobrir as células com 1X PBS contendo 20% de glicerol. Armazenar a 4ºC.

3. PARÂMETROS A OBSERVAR NAS LARVAS DE PEIXE-ZEBRA

ESPÉCIES REACTIVAS DE OXIGÉNIO (ROS)

Objetivo:

Quantificar as espécies reactivas de oxigénio presentes em amostras biológicas para avaliar os níveis de stress oxidativo.

Princípio:

O princípio subjacente à medição dos ERO envolve a sonda fluorescente DCF-DA para medir os níveis de espécies reactivas de oxigénio (ERO). O DCF-DA é um composto não fluorescente que, uma vez no interior das células, é desacetilado por esterases celulares para formar DCFH. O DCFH é então oxidado pelas ERO para produzir o composto altamente fluorescente DCF. A intensidade de fluorescência da DCF, que é diretamente proporcional à quantidade de ROS presente, pode ser medida utilizando um espectrofluorómetro em comprimentos de onda específicos de excitação e emissão. Esta intensidade de fluorescência fornece uma medida quantitativa do stress oxidativo na amostra.

Procedimento:

- As larvas de peixe-zebra foram lavadas e homogeneizadas com tampão fosfato salino (PBS) frio.
- Em seguida, centrifugou-se a 12000 rpm durante 30 min a 4ºC. Transferiu-se 20 µl do sobrenadante para o tubo e incubou-se durante 5 min à temperatura ambiente.
- Em seguida, foram adicionados 200 µl de PBS e 8,3 µl de DCF-DA (1mg/ml) e mantidos em incubação a 37ºC durante 30 min no escuro.

- Após a incubação, os teores foram medidos com excitação a 485 nm e emissão a 520 nm utilizando um espectrofluorómetro (HORIVA).
- O nível de ROS foi expresso como intensidade de fluorescência relativa.

PEROXIDAÇÃO LIPÍDICA (LPO)
Objetivo:

Detetar e quantificar os peróxidos lipídicos e os seus produtos de degradação em amostras biológicas que actuam como um indicador-chave dos danos oxidativos.

Princípio:

O princípio subjacente ao ensaio de peroxidação lipídica (LPO) avalia os danos oxidativos nos lípidos, um processo crítico influenciado por espécies reactivas de oxigénio (ROS) em amostras biológicas como embriões de peixe-zebra. Após a homogeneização, os lípidos são expostos à oxidação induzida por ROS, formando peróxidos lipídicos e aldeídos como o malondialdeído (MDA). Estas espécies reactivas reagem com o ácido tiobarbitúrico (TBA) sob aquecimento para produzir um produto colorido mensurável a cerca de 532 nm utilizando espetrofotometria. A intensidade da cor está correlacionada com a extensão da peroxidação lipídica, oferecendo informações valiosas sobre os níveis de stress oxidativo e a integridade da membrana celular em condições experimentais.

Procedimento:

- 20 embriões foram homogeneizados em 100 µl de tampão de fosfato de potássio gelado (pH-7,4).
- O homogenato foi adicionado a 100 µl de ácido tricloro-acético (TCA) a 5% e incubado em gelo durante 15 minutos.

- Além disso, a amostra foi misturada com 100 µl de ácido tiobarbitúrico a 0,67% e centrifugada a 2200 rpm durante 10 minutos a 4ºC.
- Após centrifugação, o sobrenadante (250 µl) foi fervido durante 10 minutos e arrefecido à temperatura ambiente.
- Em seguida, a absorvância foi medida a 535 nm num leitor de microplacas.

GLUTATIÃO REDUZIDO (GSH)

Objetivo:

Para medir e manter o rácio de glutatião no estado reduzido (GSH) e oxidado (GSSG) nas células.

Princípio:

O ensaio de glutatião reduzido (GSH) quantifica a concentração de GSH, um antioxidante fundamental envolvido nos mecanismos de defesa celular contra o stress oxidativo. Em amostras biológicas como embriões de peixe-zebra, o ensaio envolve normalmente a homogeneização para libertar componentes celulares, seguida de extração de GSH e reação com o reagente de Ellman (5,5'-ditiobis (ácido 2-nitrobenzóico), DTNB). O DTNB reage com os grupos sulfidrilo da GSH para produzir um composto de cor amarela, o ácido 5-tio-2-nitrobenzóico (TNB), que é detectado espectrofotometricamente a 412 nm. A absorvância correlaciona-se diretamente com a concentração de GSH, fornecendo uma medida quantitativa da capacidade antioxidante celular e do estado redox. Este ensaio é crucial para estudar o stress oxidativo, as defesas antioxidantes e o impacto de factores ambientais ou tratamentos nos níveis de GSH em sistemas biológicos.

Procedimento:

- 20 embriões foram homogeneizados em 100 µl de PBS gelado e o homogenato foi precipitado com 100 µl de TCA a 25%.
- Centrifugação a 3000 rpm durante 10 minutos a 4ºC.
- Transferiu-se 150 µL do sobrenadante para placas de 24 poços e adicionou-se 1 ml de DTNB 60 µM e 450 µl de tampão fosfato de potássio 50 mM (Ph-7.4).
- Em seguida, a placa foi lida a 412 nm num leitor de microplacas.

SUPERÓXIDO DISMUTASE (SOD)
Objetivo:

Avaliar a atividade da enzima SOD, nomeadamente no contexto da avaliação do stress oxidativo e da homeostase redox em várias doenças.

Princípio:

O protocolo mede a atividade enzimática da superóxido dismutase (SOD) em embriões de peixe-zebra. A SOD catalisa a conversão de radicais superóxido em peróxido de hidrogénio e oxigénio. O ensaio envolve a homogeneização de embriões, a preparação de uma mistura de reação com pirogalol para gerar radicais superóxido e a medição da diminuição da absorvância a 420 nm ao longo do tempo. Esta diminuição reflecte a atividade da SOD, fornecendo informações sobre a defesa antioxidante dos embriões contra o stress oxidativo.

Procedimento:

- Foram homogeneizados 10 embriões em tampão Tris-Hcl (100 mM, Ph-7,4) utilizando uma microplaca.

- Centrifugado a 1200 rpm durante 15 minutos a 4ºC. Para o ensaio, foram adicionados 50 µl do homogenato à mistura de reação.
- [Mistura de reação - tampão Tris-Hcl 50 mM, pH-8,4 com EDTA 1 mM e pirogalol 2,64 mM].
- A absorvância foi medida a 420 nm durante 5 minutos num leitor de microplacas.

ACTIVIDADE DA CATALASE (CAT)
Objetivo:

Para medir a atividade da enzima catalase, que desempenha um papel crucial na decomposição do peróxido de hidrogénio em oxigénio e água.

Princípio:

O princípio subjacente ao ensaio da catalase consiste na medição da atividade da catalase. Envolve a medição espectrofotométrica do desaparecimento do peróxido de hidrogénio, que é proporcional à concentração de catalase, fornecendo uma avaliação quantitativa da atividade da catalase. Além disso, o ensaio pode também basear-se na formação rápida de um complexo estável e colorido de carbonato-cobalato (III), permitindo a medição da atividade da catalase em amostras biológicas. Estas diversas abordagens permitem, coletivamente, a avaliação da atividade da catalase em várias amostras biológicas, ajudando a compreender o stress oxidativo e as respostas antioxidantes.

Procedimento:

- 10 embriões foram homogeneizados em tampão Tris-Hcl (100 mM, pH-7,4) utilizando uma microagulha e centrifugados a 1200 rpm durante 15 minutos a 4°C.
- 100 μl de sobrenadante que foi adicionado a 3 ml de solução de reação. [Solução de reação - dicromato de potássio a 5% e ácido acético glacial (1:3) e tampão fosfato 10 mM, pH-7].
- Em seguida, a mistura foi aquecida num banho de água durante 20 minutos e medida num leitor de microplacas a 570 nm.

GLUTATIONA PEROXIDASE (GPx)
Objetivo:

Para medir a atividade da enzima glutatião peroxidase, que desempenha um papel crucial na proteção do organismo contra os danos oxidativos.

Princípio:

O princípio subjacente ao ensaio GPx envolve a medição da atividade da GPx. A GPx catalisa a redução do peróxido de hidrogénio e de uma grande variedade de peróxidos orgânicos em água e nos álcoois estáveis correspondentes, utilizando o glutatião celular como reagente redutor. A maioria das glutationas peroxidases celulares são enzimas tetraméricas constituídas por quatro monómeros idênticos de 22 kDa, cada um dos quais contém uma selenocisteína no local ativo. Algumas das isoenzimas da GPx não contêm selénio no seu sítio ativo. As diversas abordagens permitem, coletivamente, a avaliação da atividade da GPx em várias amostras biológicas, ajudando a compreender o stress oxidativo e as respostas antioxidantes.

Procedimento:

- 10 larvas foram homogeneizadas em tampão Tris-Hcl (100mM, pH-7,4) utilizando uma microagulha e centrifugadas a 12000 rpm durante 15 min a 4°C.
- Foram adicionados 20 µl de sobrenadante e 880 µl da mistura de reação a uma placa de 24 poços e a absorvância foi medida num leitor de microplacas a 340 nm durante 1 minuto.
- [Mistura de reação - 150 µM de NADPH, 1mM GSH, 100 mM azida de sódio em tampão fosfato de potássio, pH-7].

GLUTATIÃO S-TRANSFERASE (GST)
Objetivo:

Detetar a atividade da enzima GST no tecido hepático saudável/cístico como um potencial biomarcador de diagnóstico da hidatidose.

Princípio:

O princípio subjacente ao ensaio de GST envolve a medição da atividade da enzima GST, que é crucial para a desintoxicação celular de uma vasta gama de substratos químicos. As GST desempenham um papel na proteção contra xenobióticos exógenos e estão envolvidas na desintoxicação de compostos endógenos e de substâncias químicas estranhas, como produtos farmacêuticos e poluentes ambientais. Os métodos de ensaio para as GST podem utilizar substratos como o 1-cloro-2,4-dinitrobenzeno (CDNB), que é adequado para a gama mais alargada de isoenzimas GST, e a conjugação do grupo tiol do glutatião com o substrato CDNB, conduzindo a um aumento da absorvância a 340 nm.

Procedimento:

- 10 larvas foram homogeneizadas em tampão de fosfato de potássio 0,1M (pH-6,5).
- Em seguida, centrifugar a 9000 rpm durante 30 minutos a 4ºC. 50 µl de sobrenadante são adicionados a uma placa de 96 poços.
- Adicionou-se 100 µl da mistura de reação a cada poço.
- [Mistura de reação - 10 mM GSH e 60 mM 1-Cloro 2,4-dinitrobenzeno].
- A absorvância foi medida durante 5 minutos a 340 nm num leitor de microplacas.

LACTATO DESIDROGENASE (LDH)
Objetivo:

Medir a atividade da lactato desidrogenase (LDH) em homogenatos de larvas de peixe-zebra, monitorizando a conversão de piruvato em lactato.

Princípio:

O ensaio da LDH (lactato desidrogenase) mede a atividade da enzima LDH, que converte o lactato em piruvato com conversão simultânea de NAD^+ em NADH. Esta reação enzimática é quantificada pelo aumento da absorvância a 340 nm, que reflecte os danos celulares ou a fuga de LDH, normalmente utilizada para avaliar a citotoxicidade em embriões de peixe-zebra.

Procedimento:

- 10 larvas foram homogeneizadas em tampão Tris-NaCl 0,1M (pH-7,2) no gelo.
- E centrifugado a 3000 rpm durante 5 minutos a 4ºC.
- O sobrenadante (40 µl) foi adicionado a 250 µl de NADH 240 µM e a 40 µl de piruvato 10 mM.
- A absorvância foi registada a 340 nm durante 5 minutos num leitor de microplacas.

ÓXIDO NÍTRICO (NO)
Objetivo:

Medir a concentração de nitritos, um marcador da produção de óxido nítrico, em homogenatos de larvas de peixe-zebra utilizando o reagente de Griess.

Princípio:

O princípio envolve a homogeneização de larvas de peixe-zebra em tampão Tris-HCl, a centrifugação para obter o sobrenadante e, em seguida, a reação deste sobrenadante com o reagente de Griess. A absorvância a 543 nm, indicativa da concentração de nitritos, é medida utilizando um leitor de microplacas.

Procedimento:

- As larvas de peixe-zebra foram homogeneizadas em Tris-Hcl (100 mM, pH-7,4) utilizando uma microestaca.
- Em seguida, centrifugado a 12000 rpm durante 15 minutos a 4ºC.

- Adicionaram-se 50µl de sobrenadante a 50µl de reagente gries em placas de 96 poços.
- A absorvância foi medida a 543 nm num leitor de microplacas.

FOSFATASE ÁCIDA (AP)
Objetivo:

Quantificar a atividade da enzima fosfatase ácida em amostras biológicas, avaliando a função celular, a diferenciação e a atividade lisossomal, fornecendo informações sobre processos fisiológicos e patológicos em vários organismos, incluindo embriões de peixe-zebra.

Princípio:

O ensaio da fosfatase ácida mede a atividade da enzima fosfatase ácida, que hidrolisa os grupos fosfato dos substratos em condições ácidas. Em embriões de peixe-zebra, o ensaio envolve a homogeneização do tecido para libertar componentes celulares, incluindo a fosfatase ácida. O homogenato é então incubado com um substrato específico que é hidrolisado pela fosfatase ácida, resultando na libertação de um cromóforo ou fluoróforo. A absorvância ou a intensidade de fluorescência do produto da reação é medida espectrofotometricamente, fornecendo uma avaliação quantitativa da atividade da fosfatase ácida. Este ensaio é valioso para estudar o metabolismo celular, a diferenciação e as condições patológicas em que os níveis de fosfatase ácida podem estar alterados.

Procedimento:

- 10 larvas foram homogeneizadas em tampão Tris-Hcl (100 mM, pH-7,4) utilizando uma microagulha. E centrifugadas a 12000 rpm durante 15 minutos a 4ºC.
- Adicionaram-se 10 µl do sobrenadante a 15 µl de tampão acetato de sódio 0,1M (pH-5) e 125 µl de solução de fosfato de p-nitrofenilo 5 mM.
- Após incubação da mistura a 37ºC durante 40 min, foram adicionados 150 µl de NaOH 1M.
- A absorvância foi medida num leitor de microplacas a 405 nm.

COLORAÇÃO COM LARANJA DE ACRIDINA (AO)
Objetivo:

Para visualizar estruturas celulares e identificar células apoptóticas, microbianas e cancerígenas através da diferenciação da fluorescência do ADN e do ARN.

Princípio:

O princípio subjacente à coloração com laranja de acridina baseia-se na sua capacidade de se intercalar nos ácidos nucleicos, emitindo fluorescência verde quando ligada ao ADN e fluorescência vermelha quando ligada ao ARN. Esta coloração diferencial permite a visualização e a diferenciação de componentes celulares, como o núcleo e o citoplasma. É especialmente útil na identificação de células apoptóticas, micróbios e células malignas.

Procedimento:

- Os embriões foram lavados duas vezes em tampão fosfato salino (PBS)

- Em seguida, corou-se com laranja de acridina (5 mg/ml) durante 20 minutos à temperatura ambiente.
- Os embriões foram novamente lavados em PBS e examinados ao microscópio fluorescente invertido.

ACTIVIDADE ENZIMÁTICA DA DOR

Objetivo:

Para medir a atividade da enzima acetilcolinesterase (AChE).

Princípio:

O princípio subjacente à medição da atividade da acetilcolinesterase (AChE) envolve a hidrólise da acetilcolina em colina e ácido acético, que podem ser medidos quantitativamente. A velocidade desta reação indica a atividade da AChE. Isto é crucial para avaliar o papel da enzima na neurotransmissão e a sua inibição em várias condições patológicas.

Procedimento:

- As larvas de peixe-zebra de cada tratamento foram homogeneizadas com tampão de fosfato de potássio 0,1M (pH 7,2) gelado
- Em seguida, centrifugado a 3000 g durante 4 minutos a 4º C.
- Em seguida, 50 mL do sobrenadante foram adicionados a 250 mL da solução de reação.
- Solução de reação: 1 mL de solução 10 mM de ácido 5,5-ditiobis-2-nitrobenzóico com sódio
- carbonato de hidrogénio, 0,2 mL de solução de acetilcolina 0,075M e 30 mL de tampão fosfato 0,1M
- Em seguida, a absorvância foi medida a 414 nm num leitor de microplacas.

COLORAÇÃO COM AZUL DE ALCIAN

Objetivo:

Para corar e visualizar mucopolissacáridos ácidos em larvas de peixe-zebra utilizando Alcian blue.

Princípio:

O azul de Alcian é um corante catiónico que se liga aos mucopolissacáridos ácidos e aos glicosaminoglicanos, corando-os de azul. Esta coloração realça as estruturas da cartilagem devido ao seu elevado teor de glicosaminoglicanos. A intensidade e a especificidade da coloração são melhoradas através da utilização de uma solução de pH baixo para garantir uma ligação selectiva.

Procedimento:

- Colocar as larvas de peixe-zebra numa solução de paraformaldeído a 4% a 4°C durante 24 horas para fixar os tecidos.
- Lavar bem as larvas com solução salina tamponada com fosfato (PBS) para remover qualquer fixador residual.
- Desidratar gradualmente as larvas através de uma série de concentrações de etanol (25%, 50%, 75% e 100%) durante 5-10 minutos cada.
- Assegurar a desidratação completa por imersão em etanol a 100% durante mais 10-15 minutos.
- Preparar a solução de coloração com azul de Alcian dissolvendo o azul de Alcian em HCl 0,1 M até uma concentração final de 1% (p/v).
- Imergir as larvas desidratadas na solução de azul de Alcian e incubar à temperatura ambiente durante 24 horas, agitando-as suavemente de vez em quando para garantir uma coloração uniforme.
- Lavar as larvas coradas em HCl 0,1 M durante 2-3 minutos para remover o excesso de corante.

- Enxaguar posteriormente numa série de concentrações de etanol (100%, 95%, 70% e 50%) para reidratar gradualmente as larvas, assegurando a remoção do corante não especificamente ligado.
- Limpar os tecidos por imersão das larvas numa mistura 1:1 de etanol e glicerol durante 10 minutos.
- Transferir as larvas para glicerol a 100% durante pelo menos 30 minutos para aumentar a transparência dos tecidos.
- Montar cuidadosamente as larvas limpas numa lâmina de vidro utilizando uma pequena gota de glicerol.
- Cobrir com uma lamela e selar os bordos com verniz das unhas ou outro vedante adequado para evitar a secagem.
- Examinar as larvas montadas ao microscópio de luz para visualizar as estruturas de cartilagem coradas, que devem aparecer azuis contra um fundo claro.

MANCHA NEGRA DO SUDÃO

Objetivo:

Para corar e visualizar lípidos em larvas de peixe-zebra utilizando Sudan Black.

Princípio:

O Sudan Black é um corante solúvel em lípidos que se liga e cora de preto os lípidos e as estruturas que contêm lípidos. Esta coloração permite a identificação e localização de gotículas de lípidos e outras áreas ricas em lípidos nos tecidos. A especificidade do corante deve-se à sua solubilidade em lípidos e não em ambientes aquosos.

Procedimento:

- Fixar as larvas de peixe-zebra em paraformaldeído a 4% a 4°C durante 24 horas.
- Lavar cuidadosamente com solução salina tamponada com fosfato (PBS).
- Desidratar as larvas através de uma série gradual de etanol (25%, 50%, 70%, 95% e 100%) durante 5-10 minutos cada.
- Preparar uma solução de coloração com Sudan Black dissolvendo Sudan Black B em etanol a 70% até uma concentração final de 0,5% (p/v).
- Mergulhar as larvas desidratadas na solução de negro de Sudão e incubar à temperatura ambiente durante 1-2 horas, com agitação suave.
- Lavar as larvas coradas com etanol a 70% para remover o excesso de corante.
- Lavar de novo com uma série de concentrações decrescentes de etanol (50%, 30%) para reidratar as larvas, seguido de uma lavagem final com água.
- Limpar os tecidos por imersão das larvas numa mistura 1:1 de etanol e glicerol durante 10 minutos.
- Transferir as larvas para glicerol a 100% durante pelo menos 30 minutos para aumentar a transparência dos tecidos.
- Montar as larvas limpas numa lâmina de vidro com uma pequena gota de glicerol.
- Cobrir com uma lamela e selar os bordos com verniz para unhas ou outro vedante adequado para evitar a secagem.
- Examinar as larvas montadas ao microscópio de luz para visualizar as estruturas lipídicas coradas, que devem aparecer pretas contra um fundo claro.

COLORAÇÃO EDU EM MONTAGEM TOTAL

Objetivo:

Detetar e visualizar a síntese de ADN em embriões de peixe-zebra de montagem completa utilizando a coloração com EdU.

Princípio:

A EdU (5-etinil-2'-desoxiuridina) é um análogo da timidina que se incorpora no ADN recém-sintetizado durante a proliferação celular. A EdU incorporada é detectada por uma azida fluorescente através de uma reação química de "clique", que forma uma ligação covalente e produz um sinal fluorescente. Este método é altamente sensível e não requer a desnaturação do ADN, preservando a morfologia da amostra.

Procedimento:

- Incubar embriões de peixe-zebra com solução de EdU (normalmente 10-20 μM em água de peixe) durante um período definido para permitir a incorporação no ADN replicante.
- Fixar os embriões em paraformaldeído a 4% à temperatura ambiente durante 1-2 horas ou a 4°C durante a noite.
- Lavar cuidadosamente com solução salina tamponada com fosfato (PBS).
- Permeabilizar os embriões incubando-os em Triton X-100 a 0,5% em PBS durante 15-30 minutos.
- Preparar o cocktail de reação de clique que normalmente contém sulfato de cobre, ácido ascórbico e a azida fluorescente.
- Incubar os embriões com o cocktail de reação de clique durante 30 minutos a 1 hora à temperatura ambiente, ao abrigo da luz.
- Lavar os embriões várias vezes com PBS para remover os reagentes que não reagiram.
- Montar os embriões corados numa lâmina de vidro utilizando um meio de montagem adequado.
- Cobrir com uma lamela e selar os bordos para evitar a secagem.
- Examinar os embriões num microscópio de fluorescência para visualizar o sinal fluorescente que indica a síntese de ADN.

ENSAIO DE IMUNOPRECIPITAÇÃO DE CROMATINA (ChIP)
Objetivo

Identificar as sequências de ADN ligadas a proteínas específicas em células ou tecidos de peixe-zebra.

Princípio

O ensaio ChIP liga as proteínas ao ADN em peixe-zebra, seguido de corte da cromatina. São utilizados anticorpos específicos para imunoprecipitar o complexo proteína-DNA. Após a inversão das ligações cruzadas, o ADN é purificado e analisado para determinar as sequências ligadas à proteína.

Procedimento

- Fixar os embriões/tecidos de peixe-zebra com formaldeído a 1% durante 10 minutos.
- Em seguida, extinguir com glicina (0,125 M) durante 5 minutos.
- Lavar com PBS frio e homogeneizar.
- Lise as células e extraia a cromatina.
- Sonicar para cisalhar o ADN em fragmentos de 200-1000 bp.
- Pré-limpar o lisado com esferas magnéticas de proteína A/G.
- Incubar a cromatina com o anticorpo específico durante a noite.
- Adicionar esferas magnéticas para ligar os complexos anticorpo-proteína-DNA.
- Eluir a cromatina e, em seguida, inverter as ligações cruzadas a 65 °C durante 4-6 horas.
- Tratar com proteinase K e RNase A.
- Purificar o ADN utilizando um kit de purificação PCR.
- Analisar o ADN por métodos ChIP-PCR ou ChIP-seq.

ANÁLISE DA GLICOSE

Objetivo

Medir os níveis de glucose em tecidos ou embriões inteiros de peixe-zebra.

Princípio

O ensaio da glucose quantifica os níveis de glucose com base na sua oxidação enzimática pela glucose oxidase. Esta reação produz peróxido de hidrogénio, que é detectado através de um sinal colorimétrico ou fluorescente. A intensidade do sinal é proporcional à concentração de glucose, permitindo uma medição exacta em amostras de peixe-zebra.

Procedimento

- Recolher embriões ou tecidos de peixe-zebra e lavá-los com PBS frio.
- Homogeneizar as amostras em PBS ou tampão de lise gelados.
- Centrifugar os homogenatos a 10.000 rpm durante 10 minutos a 4°C.
- Recolher o sobrenadante para o ensaio.
- Misturar o sobrenadante com o reagente para o ensaio da glucose que contém glucose oxidase, peroxidase e um substrato colorimétrico (o-dianisidina ou um composto semelhante).
- Incubar a 37°C durante 30 minutos.
- Medir a absorvância a 540 nm para os ensaios colorimétricos ou a intensidade de fluorescência para os ensaios fluorométricos.
- Utilizar uma curva padrão de concentrações conhecidas de glucose para determinar os níveis de glucose em amostras de peixe-zebra.
- Normalizar a concentração de glucose em função do peso do tecido ou do teor de proteínas.

ENSAIO DE LIBERTAÇÃO DO CITOCROMO C

Objetivo

Detetar a libertação de citocromo c das mitocôndrias para o citosol como indicador de apoptose em células ou tecidos de peixe-zebra.

Princípio

O ensaio mede a translocação do citocromo c da mitocôndria para o citosol, um acontecimento-chave na apoptose. As células ou os tecidos são fraccionados em fracções mitocondriais e citosólicas. A presença de citocromo c no citosol é detectada por Western blotting ou ELISA. Esta libertação indica o início da sinalização apoptótica.

Procedimento

- Recolher embriões ou tecidos de peixe-zebra no estádio necessário.
- Homogeneizar as amostras em tampão de isolamento gelado (por exemplo, sacarose 250 mM, HEPES 20 mM, pH 7,4) contendo inibidores de proteases.
- Centrifugar os homogenatos a 800 rpm durante 10 minutos para remover os resíduos celulares e os núcleos.
- Transferir o sobrenadante e centrifugar a 10.000 rpm durante 15 minutos a 4°C para sedimentar as mitocôndrias.
- Recolher o sobrenadante (fração citosólica) e guardar para análise.
- Ressuspender o sedimento mitocondrial em tampão de lise para análise da fração mitocondrial.
- Analisar o teor de citocromo c nas fracções citosólica e mitocondrial por Western blotting utilizando um anticorpo específico para o citocromo c.
- Em alternativa, utilizar um ELISA para quantificar os níveis de citocromo c na fração citosólica.

- Comparar os níveis de citocromo c nas fracções citosólica e mitocondrial. Um aumento na fração citosólica indica a libertação de citocromo c e o início da apoptose.

ENSAIO DE ACTIVIDADE DA CASPASE

Objetivo

Medir a atividade das caspases, que são as enzimas-chave envolvidas na apoptose em células ou tecidos de peixe-zebra.

Princípio

O ensaio de atividade das caspases detecta a clivagem de um substrato sintético pelas caspases activas. Quando as caspases clivam este substrato, libertam um produto cromogénico ou fluorogénico, que pode ser medido utilizando um espetrofotómetro ou fluorómetro. A taxa de formação do produto é proporcional à atividade das caspases, que é um indicador de apoptose.

Procedimento

- Recolher embriões ou tecidos de peixe-zebra no estádio de desenvolvimento necessário.
- Homogeneizar as amostras em tampão de lise com inibidores de proteases (50 mM HEPES, 100 mM NaCl, 1% CHAPS, pH 7,4).
- Centrifugar os homogenatos a 10.000 rpm durante 10 minutos a 4°C.
- Recolher o sobrenadante, que contém proteínas citosólicas, para medição da atividade da caspase.
- Adicionar o sobrenadante a um tampão de reação que contenha um substrato sintético de caspase específico para a caspase em causa (DEVD-pNA para a caspase-3, IETD-pNA para a caspase-8).
- Incubar a 37°C durante 1-2 horas.
- Para ensaios colorimétricos, medir a absorvância a 405 nm.
- Para os ensaios fluorométricos, medir a fluorescência no comprimento de onda adequado (400 nm de excitação e 505 nm de emissão para a caspase-3).

- Comparar a atividade da caspase entre amostras de peixe-zebra tratadas e de controlo. O aumento da atividade da caspase é indicativo de apoptose. Normalizar a atividade para o conteúdo proteico utilizando um método de quantificação de proteínas como o ensaio de Bradford.

ATP ASSAY

Objetivo

Quantificar os níveis de ATP em células ou tecidos de peixe-zebra como indicador do estado energético celular.

Princípio

O ensaio de ATP utiliza uma reação baseada na luciferase, em que o ATP é necessário para a conversão enzimática da luciferina em oxiluciferina, produzindo luz. A intensidade da luz emitida é proporcional à quantidade de ATP presente na amostra. Este método permite uma medição sensível e rápida dos níveis de ATP.

Procedimento

- Recolher embriões ou tecidos de peixe-zebra e lavá-los com PBS frio.
- Homogeneizar as amostras num tampão de extração de ATP (100 mM Tris, 4 mM EDTA, pH 7,75).
- Centrifugar os homogenatos a 10.000 rpm durante 10 minutos a 4°C para remover os detritos.
- Recolher o sobrenadante para o ensaio de ATP.
- Preparar uma série de concentrações conhecidas de ATP para gerar uma curva padrão para uma quantificação exacta.
- Adicionar o sobrenadante da amostra a um tampão de reação que contenha luciferase e luciferina.
- Incubar a mistura de reação à temperatura ambiente durante 10-15 minutos.
- Medir a luminescência emitida com um luminómetro.

- Comparar a luminescência das amostras com a curva padrão de ATP para calcular a concentração de ATP.
- Normalizar os níveis de ATP em função do peso do tecido ou do teor de proteínas.

ENSAIO DE LUCIFERASE
Objetivo

Medir a expressão do gene ou a atividade do promotor no peixe-zebra utilizando um sistema de gene repórter de luciferase.

Princípio

O ensaio da luciferase repórter envolve a introdução de um plasmídeo contendo o gene da luciferase sob o controlo de um promotor específico em embriões ou células de peixe-zebra. A expressão da luciferase é controlada pelo promotor e a sua atividade é medida pela quantidade de luz produzida através da conversão enzimática da luciferina em oxiluciferina. A intensidade da luminescência é proporcional à atividade do promotor ou à expressão do gene.

Procedimento

- Clonar o gene da luciferase a jusante do promotor de interesse num vetor de expressão adequado. Preparar ADN plasmídico de alta qualidade para injeção.
- Injetar o plasmídeo repórter de luciferase em embriões de peixe-zebra fertilizados na fase de 1 célula. Incluir um plasmídeo de luciferase Renilla como controlo para normalização (opcional).
- Colocar os embriões em meio E3 e incubá-los a 28°C até ao estádio de desenvolvimento desejado.
- Recolher os embriões nos momentos adequados para análise.
- Lavar os embriões com PBS frio e homogeneizá-los num tampão de lise compatível com o ensaio da luciferase. Centrifugar o homogenato a 10.000 rpm durante 10 minutos e recolher o sobrenadante.

- Preparar uma mistura de reação contendo substrato de luciferase (luciferina) e misturá-la com o sobrenadante. Para um ensaio de luciferase dupla, preparar a mistura de reação para luciferase de pirilampo e luciferase de Renilla.
- Medir a luminescência utilizando um luminómetro imediatamente após a adição do substrato. Registar as unidades de luz relativas (RLU) para cada amostra.
- Normalizar a atividade da luciferase do pirilampo para a atividade da luciferase de Renilla para ter em conta as variações na eficiência da transfecção.
- Comparar a atividade relativa da luciferase entre os grupos experimentais e de controlo para avaliar a atividade do promotor ou a expressão genética.

ENSAIO DE PATCH CLAMP

Objetivo

Medir as correntes iónicas ou os potenciais de membrana de células individuais de peixe-zebra, tipicamente neurónios ou cardiomiócitos, para estudar as suas propriedades eléctricas.

Princípio

A técnica de patch clamp permite registar a atividade dos canais iónicos em células individuais, selando uma micropipeta de vidro na membrana celular. Ao aplicar uma tensão ou corrente, os investigadores podem medir as propriedades eléctricas da membrana celular ou o fluxo de iões através de canais iónicos específicos. Este ensaio é essencial para estudar a função neuronal, a eletrofisiologia cardíaca ou as mutações dos canais iónicos no peixe-zebra.

Procedimento

- Anestesiar embriões ou larvas de peixe-zebra com tricaína.

- Montar o peixe em gel de agarose para imobilização, expondo a região de interesse (por exemplo, cérebro ou coração).
- Puxar capilares de vidro para formar micropipetas com um diâmetro de ponta de ~1 μm.
- Encher a pipeta com uma solução intracelular (por exemplo, soluções à base de KCl ou CsCl) e ligá-la ao amplificador da pinça de patch.
- Utilizar um micromanipulador para posicionar a pipeta perto da membrana celular da célula-alvo.
- Aplicar uma sucção suave para formar um "gigaseal" de alta resistência entre a ponta da pipeta e a membrana celular.
- Aplicar uma sucção mais forte para romper a membrana e aceder ao espaço intracelular. Registar as correntes iónicas globais ou o potencial de membrana.
- Manter o selo intacto para registar a atividade de um único canal.
- Puxar a membrana para fora da célula para isolar uma parte da mesma, permitindo estudos de canais iónicos num ambiente controlado.
- Aplicar tensão ou corrente de aperto utilizando o amplificador para controlar o potencial da membrana ou registar correntes iónicas.
- Registar os dados utilizando software especializado, permitindo o estudo do comportamento dos canais iónicos, das respostas sinápticas ou dos potenciais de ação.
- Analisar as correntes iónicas ou os potenciais de ação registados para avaliar as propriedades biofísicas dos canais iónicos ou a excitabilidade celular.
- Comparar as respostas entre o peixe-zebra de tipo selvagem e mutante ou após tratamentos com medicamentos.

ENSAIO DE FORMAÇÃO DE COLÓNIAS

Objetivo

Avaliar a capacidade das células de peixe-zebra para proliferar e formar colónias, normalmente utilizadas para avaliar a sobrevivência e proliferação celular e os efeitos de fármacos ou mutações na viabilidade celular a longo prazo.

Princípio

Num ensaio de formação de colónias, as células individuais do peixe-zebra são colocadas em placas e deixadas a crescer ao longo do tempo. Se as células mantiverem a sua capacidade proliferativa, formam colónias. O número de colónias formadas é utilizado como uma medida de sobrevivência clonogénica. Este ensaio é particularmente útil para estudar os efeitos da radiação, quimioterapia ou mutações genéticas no crescimento celular.

Procedimento

- Isolar as células do peixe-zebra (células primárias ou células cancerígenas) e assegurar que estão em suspensão unicelular.
- Contar as células utilizando um hemocitómetro ou um contador automático de células.
- Semear um número reduzido de células (normalmente 100-1000 células/poço) numa placa de 6 poços ou numa placa de cultura para garantir espaço suficiente para o crescimento da colónia.
- Incubar as células a 28°C em meio de cultura.
- Deixar as células crescerem durante 10-14 dias (ou mais, dependendo do tipo de célula).

- Assegurar que o meio é mudado regularmente para manter condições adequadas de crescimento celular.
- Após um crescimento suficiente das colónias, remover cuidadosamente o meio.
- Fixar as colónias adicionando paraformaldeído a 4% ou metanol e incubar durante 10-15 minutos.
- Corar as colónias com violeta de cristal (0,5%) durante 15-30 minutos.
- Lavar suavemente as placas com água para remover o excesso de corante.
- Contar o número de colónias manualmente ou com software automático de contagem de colónias. Considerar apenas as colónias com um mínimo de 50 células.
- Calcular a eficiência de plaqueamento (PE) e a fração de sobrevivência (SF) para os grupos experimentais.
- Utilizar o número de colónias formadas nos grupos de controlo e tratados para avaliar a viabilidade celular, a proliferação ou os efeitos de medicamentos, radiação ou manipulação genética.

ENSAIO DO TRANSDUTOR DE ENERGIA POR RESSONÂNCIA DE FORSTER (FRET)

Objetivo

Estudar interações proteína-proteína ou alterações conformacionais em células ou embriões de peixe-zebra utilizando a transferência de energia por ressonância de Forster (FRET).

Princípio

A FRET baseia-se na transferência de energia entre dois fluoróforos - um dador e um aceitador - quando estão muito próximos (1-10 nm). Se o fluoróforo dador for excitado por um comprimento de onda específico, transfere energia para o fluoróforo aceitador próximo, fazendo com que o aceitador emita luz num comprimento de onda diferente. A eficiência da FRET fornece informações sobre interações moleculares, proximidade de proteínas ou alterações conformacionais.

Procedimento

- Microinjectar embriões de peixe-zebra na fase de 1 célula com construções que codificam proteínas fundidas com fluoróforos FRET dador (CFP, YFP) e aceitador (GFP, mCherry).
- Em alternativa, transfectar células de peixe-zebra em cultura com construções FRET.
- Deixar os embriões desenvolverem-se até ao estádio desejado ou deixar as células crescer durante 24-48 horas para obter uma expressão proteica suficiente.
- Anestesiar os embriões de peixe-zebra com tricaína e montá-los em agarose para obter imagens estáveis.
- No caso das células de peixe-zebra, colocar as células transfectadas numa placa de fundo de vidro para imagiologia.
- Utilizar um microscópio de fluorescência ou um microscópio confocal equipado com os filtros de excitação e emissão adequados para os fluoróforos dador e aceitador.

- Excitar o fluoróforo dador (CFP) e medir a emissão dos fluoróforos dador e aceitador (YFP ou GFP).
- Obter imagens de canais só de dadores, só de aceitadores e FRET.
- Medir a intensidade de fluorescência do dador e do aceitador.
- Utilizar métodos como a razão entre a emissão do aceitador e do dador ou a microscopia de imagem de tempo de vida de fluorescência (FLIM) para quantificar a eficiência da FRET.
- Analisar a eficiência da FRET utilizando um software que calcula a transferência de energia entre os fluoróforos.
- Uma elevada eficiência FRET indica uma grande proximidade ou interação entre os fluoróforos do dador e do aceitador, fornecendo informações sobre interações proteicas ou alterações estruturais.

CONCLUSÃO

Os estudantes de gerontologia aprendem sobre o processo de envelhecimento e os desafios únicos que as populações envelhecidas enfrentam. Também exploram o impacto de uma população envelhecida na sociedade. Nos programas de gerontologia, os alunos adquirem competências interpessoais, de resolução de problemas, de comunicação e organizacionais. A metodologia e as normas da toxicologia têm como objetivo prevenir os efeitos adversos para a saúde dos candidatos a medicamentos. O principal objetivo dos estudos toxicológicos é avaliar a segurança de potenciais candidatos a medicamentos no processo de desenvolvimento de medicamentos. A toxicologia é um domínio da ciência que nos ajuda a compreender os efeitos nocivos que os produtos químicos, as substâncias ou as situações podem ter nas pessoas, nos animais e no ambiente. Estes dois estudos fornecem mais esclarecimentos que se adequam à sociedade atual, utilizando a fácil manutenção do peixe-zebra como modelo de organismo.

REFERÊNCIAS

Abbas, L., e Whitfield, T. T. (2009). Nkcc1 (Slc12a2) é necessário para a regulação do volume da endolinfa na vesícula ótica e do volume da bexiga natatória na larva do peixe-zebra. Desenvolvimento 136, 2837-2848. doi: 10.1242/dev.034215

Abramochkin, D. V., Hassinen, M., e Vornanen, M. (2018). As transcrições dos canais Kv7.1 e MinK e a corrente K + retificadora lenta retardada (IKs) são expressas no coração do peixe-zebra (Danio rerio). Pflugers Arch. 470, 1753-1764. doi: 10.1007/s00424-018-2193-1

Aedo, G., Miranda, M., Chávez, M. N., Allende, M. L., e Egaña, J. T. (2019). Um modelo pré-clínico confiável para estudar o impacto da fumaça do cigarro no desenvolvimento e na doença. Curr. Protoc. Toxicol. 80:e78. doi: 10.1002/cptx.78

Alday, A., Alonso, H., Gallego, M., Urrutia, J., Letamendia, A., Callol, C., et al. (2014). Canais iónicos subjacentes ao potencial de ação ventricular no embrião de peixe-zebra. Pharmacol. Res. 84, 26-31. doi: 10.1016/j.phrs.2014.03.011

Allison D'Costa e Iain Shepherd. (2009). Zebrafish Development and Genetics: Introducing Undergraduates to Developmental Biology and Genetics in a Large Introductory Laboratory Class. ResearchGate.

Aluru, N. (2017). Efeitos epigenéticos de produtos químicos ambientais: percepções do peixe-zebra. Curr. Opin. Toxicol. 6, 26-33. doi: 10.1016/j.cotox.2017.07.004

Alzualde, A., Behl, M., Sipes, N. S., Hsieh, J. H., Alday, A., Tice, R. R., et al. (2018). Perfil de toxicidade de retardadores de chama em embriões de peixe-zebra usando uma bateria de ensaios para toxicidade no desenvolvimento, neurotoxicidade, cardiotoxicidade e hepatotoxicidade em relação à relevância humana. Neurotoxicol. Teratol. 70, 40-50. doi: 10.1016/j.ntt.2018.10.002

Arnaout, R., Ferrer, T., Huisken, J., Spitzer, K., Stainier, D. Y., Tristani-Firouzi, M., et al. (2007). Modelo de peixe-zebra para a síndrome do QT longo humano. PNAS 104, 11316-11321. doi: 10.1073/pnas.0702724104

Arrenberg, A. B., Stainier, D. Y., Baier, H., e Huisken, J. (2010). Controlo optogenético da função cardíaca. Science 330, 971-974. doi: 10.1126/science.1195929

Asnani, A., e Peterson, R. T. (2014). O peixe-zebra como uma ferramenta para identificar novas terapias para doenças cardiovasculares humanas. Dis. Model Mech. 7, 763-767. doi: 10.1242/dmm.016170

Aspatwar, A., Hammaren, M. M., Parikk, A. M., e Parkkila, S. (2019). Avaliação rápida da toxicidade de compostos químicos usando embriões de peixe-zebra. J. Vis. Exp. 2019:e59315. doi: 10.3791/59315

Aswin L. Menke, Jan M. Spitsbergen, Andre P. M. Wolterbeek e Ruud A. Woutersen. (2011). Anatomia e histologia normais do peixe-zebra adulto. Toxicologic Pathology, 39: 759-775, 2011.

Avey, M. T., Fenwick, N., e Griffin, G. (2015). O uso de revisões sistemáticas e diretrizes de relatórios para promover a implementação dos 3Rs. J. Am. Assoc. Lab. Anim. Sci. 54, 153-162.

Baker, K., Warren, K. S., Yellen, G., e Fishman, M. C. (1997). Corrente de "pacemaker" defeituosa (Ih) em um mutante de peixe-zebra com uma frequência cardíaca lenta. PNAS 94, 4554-4559. doi: 10.1073/pnas.94.9.4554

Bakkers, J. (2011). Zebrafish como um modelo para estudar o desenvolvimento cardíaco e a doença cardíaca humana. Cardiovasc. Res. 91, 279-288. doi: 10.1093/cvr/cvr098

Barhanin, J., Lesage, F., Guillemare, E., Fink, M., Lazdunski, M., e Romey, G. (1996). As proteínas KvLQT1 e IsK (minK) associam-se para formar a corrente de potássio cardíaca IKs. Nature 384, 78-80. doi: 10.1038/384078a0

Beekhuijzen, M., de Koning, C., Flores-Guillén, M. E., de Vries-Buitenweg, S., Tobor-Kaplon, M., van de Waart, B., et al. (2015). From Cutting Edge to Guideline: A First Step in Harmonization of the Zebrafish Embryotoxicity Test (ZET) by Describing the Most Optimal Test Conditions and Morphology Scoring System. Reprod. Toxicol. 56, 64-76. doi: 10.1016/j.reprotox.2015.06.050

Benjamin Tsang, Hifsa Zahid, Rida Ansari e Richard Chi Yeung Lee. (2017). Reprodução de peixe-zebra: Uma revisão de diferentes métodos e uma discussão sobre padronização. ResearchGate,

Bett, G. C. L., Morales, M. J., Beahm, D. L., Duffey, M. E., e Rasmusson, R. L. (2006). As subunidades auxiliares e a frequência de estimulação determinam a potência do bloqueio do canal de potássio KCNQ1 pelo cromanol 293B. J. Physiol. 576, 755-767. doi: 10.1113/jphysiol.2006.116012

Bloomekatz, J., Singh, R., Prall, O. W., Dunn, A. C., Vaughan, M., Loo, C. S., et al. (2017). A sinalização do fator de crescimento derivado de plaquetas (PDGF) direciona o movimento dos cardiomiócitos em direção à linha média durante a montagem do tubo cardíaco. Elife 18:e21172. doi: 10.7554/eLife.21172

Brette, F., Luxan, G., Cros, C., Dixey, H., Wilson, C., e Shiels, H. A. (2008). Caracterização de miócitos ventriculares isolados de peixe-zebra adulto (Danio rerio). Biochem. Biophys. Res. Commun. 374, 143-146. doi: 10.1016/j.bbrc.2008.06.109

Buckingham, S. D., e Ali, D. W. (2004). Sodium and potassium currents of larval zebrafish muscle fibres. J. Exp. Biol. 207(Pt 5), 841-852. doi: 10.1242/jeb.00839

Busch, A. E., Busch, G. L., Ford, E., Suessbrich, H., Lang, H. J., Greger, R., et al. (1997). O papel da proteína IsK nas propriedades farmacológicas específicas do complexo de canais IKs. Br. J. Pharmacol. 122, 187-189. doi: 10.1038/sj.bjp.0701434

Caballero, M. V., e Candiracci, M. (2018). Zebrafish como modelo de triagem para deteção de toxicidade e eficácia de drogas. J. Unexplored Med. Dados 3:15. doi: 10.20517/2572-8180.2017.15

Carmeliet, E. (2004). Concentração intracelular de Ca(2+) e adaptação da taxa do potencial de ação cardíaco. Cell Calcium 35, 557-573. doi: 10.1016/j.ceca.2004.01.010

Cassar, S., Adatto, I., Freeman, J. L., Gamse, J. T., Iturria, I., e Lawrence, Ch, et al. (2020). Uso de Zebrafish em Toxicologia de Descoberta de Drogas. Chem. Res. Toxicol. 33, 95-118. doi: 10.1021/acs.chemrestox.9b00335

Chagas, T. Q., da Silva, Alvarez, T. G., Montalvão, M. F., Mesak, C., Rocha, T. L., et al. (2019). Toxicidade comportamental de efluentes de curtume em zebrafish (Danio rerio) usado como sistema modelo. Sci. Total Environ. 685, 923-933. doi: 10.1016/j.scitotenv.2019.06.253

Chang, C., Wu, S., Zhao, X. D., Zhao, C. T., e Li, Y. H. (2014). Toxicidade do desenvolvimento do cloridrato de doxorrubicina em estágios embrionários-larvais de peixe-zebra. Biomed. Mater. Eng. 24, 909-916. doi: 10.3233/BME-130885

Chen, J. N., Haffter, P., Odenthal, J., Vogelsang, E., Brand, M., van Eeden, F. J., et al. (1996). Mutações que afectam o sistema cardiovascular e outros órgãos internos do peixe-zebra. Desenvolvimento 123, 293-302.

Chernyavskaya, Y., Ebert, A. M., Milligan, E., e Garrity, D. M. (2012). A proteína CACNB2 (β2.1) do canal de cálcio controlado por voltagem é necessária no coração para controlar a proliferação celular e a integridade do tubo cardíaco. Dev. Dyn. 241, 648-662. doi: 10.1002/dvdy.23746

Chi, N. C., Shaw, R. M., Jungblut, B., Huisken, J., Ferrer, T., Arnaout, R., et al. (2008). Dissecção genética e fisiológica do sistema de condução cardíaco dos vertebrados. PLoS Biol. 6:e109. doi: 10.1371/journal.pbio.0060109

Chopra, S. S., Stroud, D. M., Watanabe, H., Bennett, J. S., Burns, C. G., Wells, K. S., et al. (2010). Os canais de sódio dependentes de voltagem são necessários para o desenvolvimento do coração no peixe-zebra. Circ. Res. 106, 1342-1350. doi: 10.1161/CIRCRESAHA.109.213132

Chopra, S. S., Watanabe, H., Zhong, T. P., e Roden, D. M. (2007). Molecular cloning and analysis of zebrafish voltage-gated sodium channel beta subunit genes: implications for the evolution of electrical signaling in vertebrates. BMC Evol. Biol. 7:113. doi: 10.1186/1471-2148-7-113

Clements, L. N., Lemus, R., Butler, A. D., Heim, K., Rebstock, M. R., Venezia, C., et al. (2012). Efeitos agudos e crónicos do tungstato de sódio num invertebrado aquático (Daphnia magna), alga verde (Pseudokirchneriella subcapitata) e peixe-zebra (Danio rerio). Arch. Environ. Contam. Toxicol. 63, 391-399. doi: 10.1007/s00244-012-9774-3

Cornet, C., Calzolari, S., Miñana-Prieto, R., Dyballa, S., van Doornmalen, E., Rutjes, H., et al. (2017). ZeGlobalTox: Uma abordagem inovadora para abordar a toxicidade de drogas em órgãos usando o peixe-zebra. Int. J. Mol. Sci. 18:864. doi: 10.3390/ijms18040864

Cornet, C., Di Donato, V., e Terriente, J. (2018). Combinando Zebrafish e CRISPR / Cas9: em direção a um pipeline de descoberta de medicamentos mais eficiente. Front. Pharmacol. 9:703. doi: 10.3389/fphar.2018.00703

Coutts, C. A., Patten, S. A., Balt, L. N., e Ali, D. W. (2006). Desenvolvimento de correntes iónicas de fibras musculares esqueléticas lentas e rápidas de peixe-zebra. J. Neurobiol. 66, 220-235. doi: 10.1002/neu.20214

Cristina Santoriello e Leonard I. Zon. (2012). Hooked! Modelação de doenças humanas em peixe-zebra.

Crowcombe, J., Dhillon, S. S., Hurst, R. M., Egginton, S., Müller, F., Sík, A., et al. (2016). Modelo elétrico de elementos finitos 3D de sinais de ECG de Zebrafish larval. PLoS One 11:e0165655. doi: 10.1371/journal.pone.0165655

Curran, M. E., Splawski, I., Timothy, K. W., Vincent, G. M., Green, E. D., e Keating, M. T. (1995). Uma base molecular para a arritmia cardíaca: As mutações HERG causam a síndrome do QT longo. Cell 80, 795-803. doi: 10.1016/0092-8674(95)90358-5

De Luca, E., Zaccaria, G. M., Hadhoud, M., Rizzo, G., Ponzini, R., Morbiducci, U., et al. (2014). ZebraBeat: uma plataforma flexível para a análise da frequência cardíaca em embriões de peixe-zebra. Sci. Rep. 9:4898. doi: 10.1038/srep04898

Delgado, R. M. III, Nawar, M. A., Zewail, A. M., Kar, B., Vaughn, W. K., Wu, K. K., et al. (2004). Cyclooxygenase-2 Inhibitor Treatment Improves Left Ventricular Function and Mortality in a Murine Model of Doxorubicin-Induced Heart Failure. Circulation 109, 1428-1433. doi: 10.1161/01.CIR.0000121354.34067.48

Dhillon, S. S., Dóró, E., Magyary, I., Egginton, S., Sík, A., e Müller, F. (2013). Otimização da medição de ECG embrionário e larval em peixe-zebra para quantificar o efeito de drogas que prolongam o QT. PLoS One 8:e60552. doi: 10.1371/journal.pone.0060552

Dyballa, S., Miñana, R., Rubio-Brotons, M., Cornet, C., Pederzani, T., Escaramis, G., et al. (2019). Comparação de larvas de peixe-zebra e cardiomiócitos hiPSC para prever a cardiotoxicidade induzida por drogas em humanos. Toxicol. Sci. 171, 283-295. doi: 10.1093/toxsci/kfz165

Ebert, A. M., McAnelly, C. A., Srinivasan, A., Linker, J. L., Horne, W. A., e Garrity, D. M. (2008a). Requisito independente do canal de Ca2+ para os genes CACNB4 da família MAGUK na iniciação da epibolia do peixe-zebra. PNAS 105, 198-203. doi: 10.1073/pnas.0707948105

Ebert, A. M., McAnelly, C. A., Srinivasan, A., Mueller, R. L., Garrity, D. B., e Garrity, D. M. (2008b). O repertório de subunidades do canal de cálcio beta2 (CACNB2) em teleósteos. BMC Mol. Biol. 9:38. doi: 10.1186/1471-2199-9-38

Ellis, L. D., Soo, E. C., Achenbach, J. C., e Morash, M. G. (2014). Uso das Larvas de Zebrafish como Modelo para Estudar a Toxicidade do Condensado de Fumaça de Cigarro. PLoS One 9:e115305. doi: 10.1371/journal.pone.0115305

Forouhar, A. S., Hove, J. R., Calvert, C., Flores, J., Jadvar, H., e Gharib, M. (2004). Electrocardiographic Characterization of Embryonic Zebrafish (Caracterização electrocardiográfica do peixe-zebra embrionário). Annu. Int. Confer. IEEE Engine. Med. Biol. Soc. 2, 3615-3617. doi: 10.1109/IEMBS.2004.1404016

Fuad, N. M., Kaslin, J., e Wlodkowic, D. (2018). Micro-Ecocardiografia de Imagem Lab-on-a-Chip (IμEC) para Avaliação Rápida da Atividade Cardiovascular em Larvas de Zebrafish. Sensores Actuadores B Chemic. 256, 1131-1141. doi: 10.1016/j.snb.2017.10.050

Gaur, H., Pullaguri, N., Nema, S., Purushothaman, S., Bhargava, Y., e Bhargava, A. (2018). ZebraPace: um método de código aberto para estimativa do ritmo cardíaco em larvas de peixe-zebra sem amarras. Zebrafish 15, 254-262. doi: 10.1089/zeb.2017.1545

Giacomelli, E., Bellin, M., Sala, L., van Meer, B. J., Tertoolen, L. G. J., Orlova, V. V., et al. (2017). Microtecidos cardíacos tridimensionais compostos por cardiomiócitos e células endoteliais co-diferenciadas a partir de células-tronco pluripotentes humanas. Desenvolvimento 144, 1008-1017. doi: 10.1242/dev.143438

Gut, P., Reischauer, S., Stainier, D. Y. R., e Arnaout, R. (2017). Peixe pequeno, grandes dados: Zebrafish como um modelo para doenças cardiovasculares e metabólicas. Physiol. Rev. 97, 889-938. doi: 10.1152/physrev.00038.2016

Hassel, D., Scholz, E., Trano, N., Friedrich, O., Just, S., Meder, B., et al. (2008). A deficiência do canal do gene relacionado ao zebrafish eag causa a síndrome do QT curto em mutantes de zebrafish reggae. Circulation 117, 866-875. doi: 10.1161/circulationaha.107.752220

Hassinen, Minna, Jaakko Haverinen, Matt, E., Hardy, Holly, A., et al. (2015). Corrente de potássio do retificador interno (I K1) e composição Kir2 do coração do peixe-zebra (Danio Rerio). Pflugers Archiv. Eur. J. Physiol. 467, 2437-2446. doi: 10.1007/s00424-015-1710

Haverinen, Jaakko, Minna Hassinen, Surjya Narayan, Dash e Matti Vornanen. (2018). Expressão de transcritos de canais de cálcio no coração do peixe-zebra: dominância de canais do tipo T. J. Exp. Biol. 221:jeb179226. doi: 10.1242/jeb.179226

Hoage, T., Ding, Y., e Xu, X. (2012). Quantificação das funções cardíacas em zebrafish embrionário e adulto. Métodos Mol. Biol. 843, 11-20. doi: 10.1007/978-1-61779-523-7_2

Hoorntje, T., Alders, M., van Tintelen, P., van der Lip, K., Sreeram, N., van der Wal, A., et al. (1999). Homozygous Premature Truncation of the HERG Protein (Truncamento prematuro homozigótico da proteína HERG). Circulation 100, 1264-1267. doi: 10.1161/01.CIR.100.12.1264

Howe, K., Clark, M. D., Torroja, C. F., Torrance, J., Berthelot, C., Muffato, M., et al. (2013). A sequência do genoma de referência do peixe-zebra e sua relação com o genoma humano. Nature 496, 498-503. doi: 10.1038/nature12111

Hu, N., Sedmera, D., Yost, H. J., e Clark, E. B. (2000). Structure and function of the developing zebrafish heart. Anat. Rec. 260, 148-157. doi: 10.1002/1097-0185(20001001)260:2<148::AID-AR50<3.0.CO;2-X

Ijaz, S., e Hoffman, E. J. (2016). Peixe-zebra: Um sistema de modelo translacional para o estudo de distúrbios neuropsiquiátricos. J. Am. Acad. Child Adolesc. Psychiatry 55, 746-748. doi: 10.1016/j.jaac.2016.06.008

Jou, C. J., Barnett, S. M., Bian, J. T., Weng, H. C., Sheng, X., e Tristani-Firouzi, M. (2013). Um ensaio cardíaco in vivo para determinar as consequências funcionais de mutações putativas da síndrome do QT longo. Circ. Res. 112, 826-830. doi: 10.1161/CIRCRESAHA.112.300664

Kang, C. P., Farrington, R. L., Wiggans, R. E., Wilson, R. J., Pushkar, P., Tickell-Painter, M. C., Lee, A. R., et al. (2018). Um método automático para calcular a frequência cardíaca a partir de vídeos cardíacos larvais de Zebrafish. BMC Bioinformatics 19: 1-10. doi: 10.1186 / s12859-018-2166-6

Kimmel Charles, B., William, W., Ballard, Seth, R., e Kimmel et al. (1995). Fases do desenvolvimento embrionário do peixe-zebra. Dev. Dynam. 203, 253-310. doi: 10.1002/aja.1002030302

Kopp, R., Schwerte, T., e Pelster, B. (2005). Desempenho cardíaco no mutante breakdance do peixe-zebra. J. Exp. Biol. 208, 2123-2134. doi: 10.1242/jeb.01620

Kotz, J. (2012). "Triagem fenotípica, take two". Sci. Bus. eXchange 5, 380-380. doi: 10.1038/scibx.2012.380

Langheinrich, U., Vacun, G., e Wagner, T. (2003). Os embriões de peixe-zebra expressam um ortólogo de HERG e são sensíveis a uma série de fármacos que prolongam o intervalo QT e induzem arritmia grave. Toxicol. Appl. Pharmacol. 193, 370-382. doi: 10.1016/j.taap.2003.07.012

Lerche, C., Seebohm, G., Wagner, C. I., Scherer, C. R., Dehmelt, L., Abitbol, I., et al. (2000). Molecular impact of MinK on the enantiospecific block of IKs by chromanols. Br. J. Pharmacol. 131, 1503-1506. doi: 10.1038/sj.bjp.0703734

Letamendia, A., Quevedo, C., Ibarbia, I., Virto, J. M., Holgado, O., Diez, M., et al. (2012). Desenvolvimento e validação de um sistema automatizado de alto rendimento para Zebrafish in Vivo Screenings. PLoS One 7:36690. doi: 10.1371/journal.pone.0036690

Li, X., Gao, A., Wang, Y., Chen, M., Peng, J., Yan, H., et al. (2016). A exposição ao álcool leva a defeitos cardiovasculares irrecuperáveis, juntamente com alterações no edema e na função motora no desenvolvimento de larvas de peixe-zebra. Biol. Open 5, 1128-1133. doi: 10.1242/bio.019497

Lin, M. H., Chou, H. C., Chen, Y. F., Liu, W., Lee, C. C., Liu, L. Y., et al. (2018). Desenvolvimento de uma plataforma de eletrocardiograma in vivo rápida e econômica para ensaio de drogas cardiovasculares e pesquisa de eletrofisiologia em peixes-zebra adultos. Sci. Rep. 8:15986. doi: 10.1038/s41598-018-33577-7

Liu, C. C., Li, L., Lam, Y. W., Siu, C. W., e Cheng, S. H. (2016). A melhoria do registro de ECG de superfície em peixes-zebra adultos revela que o valor desse modelo excede nossa expetativa. Sci. Rep. 6:25073. doi: 10.1038/srep25073

Lovering, R. C., Roncaglia, P., Howe, D. G., Laulederkind, S. J. F., Khodiyar, V. K., Berardini, T. Z., et al. (2018). Melhorando a interpretação dos fenótipos cardíacos e aprimorando a descoberta com conhecimento expandido na ontologia genética. Circ. Genom. Precis. Med. 11:e001813. doi: 10.1161/CIRCGEN.117.001813

MacRae, C. A., e Fishman, M. C. (2002). Zebrafish: The Complete Cardiovascular Compendium. Cold Spring Harb. Symp. Quant. Biol. 67, 301-307. doi: 10.1101/sqb.2002.67.301

Martin, W. K., Tennant, A. H., Conolly, R. B., Prince, K., Stevens, J. S., DeMarini, D. M., et al. (2019). Processamento de vídeo de alto rendimento de respostas de frequência cardíaca em vários peixes-zebra embrionários de tipo selvagem por campo de imagem. Sci. Rep. 9, 1-14. doi: 10.1038/s41598-018-35949-5

Matrone, G., Wilson, K. S., Mullins, J. J., Tucker, C. S., e Denvir, M. A. (2015). Coesão Temporal das Caraterísticas Estruturais, Funcionais e Moleculares do Coração de Zebrafish em Desenvolvimento. Diferenciação 89, 117-127. doi: 10.1016/j.diff.2015.05.001

McDermott, B. M., Baucom, J. M., e Hudspeth, A. J. (2007). Análise e avaliação funcional do transcriptoma das células ciliadas. PNAS 104, 11820-11825. doi: 10.1073/pnas.0704476104

Meder, B., Scholz, E. P., Hassel, D., Wolff, C., Just, S., Berger, I. M., et al. (2011). A reconstituição do tráfico de proteínas defeituoso resgata a síndrome do QT longo no peixe-zebra. Biochem. Biophys. Res. Commun. 408, 218-224. doi: 10.1016/j.bbrc.2011.03.121

Mersereau, E. J., Poitra, S. L., Espinoza, A., Crossley, D. A. II, e Darland, T. (2015). Os efeitos da cocaína na frequência cardíaca e no eletrocardiograma em Zebrafish (Danio Rerio). Comp. Biochem. Physiol. C Toxicol. Pharmacol. 17, 1-6. doi: 10.1016/j.cbpc.2015.03.007

Milan, D. J., Jones, I. L., Ellinor, P. T., e MacRae, C. A. (2006). Registo in vivo do eletrocardiograma do peixe-zebra adulto e avaliação do prolongamento do intervalo QT induzido por fármacos. Am. J. Physiol. Heart Circ. Physiol. 291, H269-H273. doi: 10.1152/ajpheart.00960.2005

Milan, D. J., Peterson, T. A., Ruskin, J. N., Peterson, R. T., e MacRae, C. A. (2003). As drogas que induzem anormalidades de repolarização causam bradicardia no peixe-zebra. Circulation 107, 1355-1358. doi: 10.1161/01.cir.0000061912.88753.87

Miranda, M., Egaña, J. T., Allende, M. L., e Eblen-Zajjur, A. (2019). Potencial de ação monofásico do miocárdio registrado por eletrodo de sucção para estudos de corrente iônica em peixes-zebra. Zebrafish 16, 427-433. doi: 10.1089/zeb.2019.1753

Mitcheson, J. S., Chen, J., Lin, M., Culberson, C., e Sanguinetti, M. C. (2000). Uma base estrutural para a síndrome do QT longo induzida por drogas. PNAS 97, 12329-12333. doi: 10.1073/pnas.210244497

Mittelstadt, S. W., Hemenway, C. L., Craig, M. P., e Hove, J. R. (2008). Avaliação de embriões de peixe-zebra como um modelo para avaliar a inibição de hERG. J. Pharmacol. Toxicol. Methods 57, 100-105. doi: 10.1016/j.vascn.2007.10.004

MIX
Papier aus verantwortungsvollen Quellen
Paper from responsible sources
FSC® C105338

Printed by Books on Demand GmbH, Norderstedt / Germany